ALFRED GAULLIER

VICE-PRÉSIDENT DU COMICE AGRICOLE DE MAGNAC-LAVAL
(HAUTE-VIENNE)

L'AGRICULTURE

A TRAVERS LES AGES

SON PASSÉ — SON PRÉSENT — SON AVENIR

Avec des Extraits

D'HÉSIODE, DE VIRGILE, D'HORACE
ET DE MATHIEU DE DOMBASLE

PARIS

LIBRAIRIE DE LA PROVINCE

35, rue Rousselet, 35

1896

L'AGRICULTURE

A TRAVERS LES AGES

ALFRED GAULLIER

Vice-Président du Comice agricole de Magnac-Laval
(Haute-Vienne)

L'AGRICULTURE

A TRAVERS LES AGES

SON PASSÉ — SON PRÉSENT — SON AVENIR

Avec des Extraits

D'HÉSIODE, DE VIRGILE, D'HORACE
ET DE MATHIEU DE DOMBASLE

PARIS

LIBRAIRIE DE LA PROVINCE

35, rue Rousselet, 35

1896

Monsieur le Sénateur,

Les Egyptiens, les Grecs et les Romains faisaient une dédicace solennelle, non seulement des monuments religieux, mais encore de tous les monuments publics et privés.

Je tiens à honneur, bien que cette étude soit loin d'être un monument, de vous offrir la dédicace de mon travail, composé de nombreux matériaux non encore bien édifiés.

En l'agréant, Monsieur le Sénateur, vous me procurerez l'occasion de me montrer reconnaissant envers vous, pour l'instruction que j'ai acquise dans votre ouvrage sur l'Agriculture.

Daignez recevoir cet hommage, vous qui avez tant fait, en théorie et en pratique, pour l'agriculture des pays de pâturages, dont fait partie notre cher Limousin.

Alfred GAULLIER,
Vice-Président du Comice agricole de Magnac-Laval.

AVANT-PROPOS

Je crois que, malgré mon désir, je mettrai en défaut le précepte de Boileau :

> Ce que l'on conçoit bien s'énonce clairement,
> Et les mots pour le dire arrivent aisément.

Au risque de blesser la modestie, je déclare connaître le sujet que je vais étudier ici ; mais je crains néanmoins de rendre ma pensée en style vulgaire ; il pourrait même se faire que mon plan fût trouvé défectueux sous bien des rapports.

Les encouragements réitérés d'un ami m'ont déterminé à entreprendre cette tâche réellement au-dessus de mes forces.

Faire l'histoire de l'agriculture depuis les temps les plus reculés, mettre en relief les découvertes de la chimie et augmenter les chances de voir briller de nouveau dans l'avenir la science agricole est sans contredit un noble but à atteindre.

Notre succès serait complet si nous parvenions à faire enrôler sous la bannière de Cérès la grande majorité des jeunes gens intelligents, mais oisifs, et qui n'ont *aucune occupation*.

J'aurais peut-être bien fait, avant de livrer cette étude à la publicité, de me souvenir du conseil que donnait Horace à Pison, dans son *Art poétique* :

Si toutefois vous composiez un jour, consultez l'oreille sévère de Metius, celle de votre père et la mienne.

Que l'ouvrage ensuite dorme neuf ans, caché dans le portefeuille.

On rature à loisir une page inédite ; la parole envolée ne revient plus.

Maintenant que je suis décidé à faire de mon mieux l'histoire de cet inépuisable sujet : l'Agriculture, mon premier devoir est d'adresser d'abord un témoignage de reconnaissance à M. Alfred Rambaud pour les précieux documents que j'ai puisés, sans discrétion peut-être, dans son excellent livre sur l'histoire de la civilisation française.

Monsieur Rambaud voudra bien excuser le rôle de compilateur zélé que j'ai cru devoir prendre pour servir, selon mes faibles moyens, la grande cause de l'agriculture.

L'AGRICULTURE A TRAVERS LES AGES

> De toutes les entreprises que peut tenter l'homme, aucune n'est meilleure, plus utile, plus douce, plus digne que l'agriculture.
> CICÉRON.

> La vie d'un agriculteur est, de toutes, la plus délicieuse ! Elle est honorable, elle est attachante et variée, et, avec des soins judicieux, elle est très fructueuse.
> WASHINGTON.

CHAPITRE PREMIER

—

LE PASSÉ DE L'AGRICULTURE

L'agriculture, en donnant à l'homme les aliments nécessaires à sa subsistance et à celle de sa famille, lui offre en même temps les moyens les plus sûrs d'établir son bien-être, et il n'en existe pas de plus honorable.

Considérée comme art, l'agriculture remonte à la plus haute antiquité ; considérée comme science et comme objet de l'agronomie, ce n'est que dans les derniers siècles que les procédés sortant de la routine ont été soumis à de nouvelles théories qui coïncidaient avec les autres branches des connaissances humaines.

Chez toutes les nations, l'agriculture est la source la plus pure de la prospérité publique.

L'agriculture fut célébrée autrefois avec pompe, chez les peuples anciens, principalement les Égyptiens et les Perses. Cette fête est encore aujourd'hui religieusement suivie en Chine, où l'empereur lui-même, le fils du ciel, trace tous les ans un sillon, vers le mois de janvier.

L'agriculture, elle seule, a eu l'heureux privilège d'avoir été chantée par les poètes anciens et par les poètes modernes.

Qu'on nous permette d'en passer quelques-uns en revue.

HÉSIODE

Hésiode, qui vivait au Xe siècle environ avant notre ère, naquit à Cumes, dans l'Éolide. C'était le fils d'un cultivateur qui habitait le hameau d'Ascra (Béotie).

Il composa un poème didactique auquel il donna comme titre : *les Travaux et les Jours*, et qui a pour but d'enseigner l'agriculture et la morale. Cet ouvrage était si estimé des Grecs qu'ils le faisaient apprendre par cœur à leurs enfants. On citait comme des oracles les excellentes sentences dont ce poème est rempli.

Hésiode nous apprend lui-même qu'il alla disputer le prix de poésie proposé pour honorer les funérailles d'Amphidamus, roi d'Eubée, et qu'il l'emporta sur ses rivaux et reçut la couronne poétique.

Le poème *les Travaux et les Jours* a été traduit en français, notamment par Leconte de Lisle, de l'Académie française.

VIRGILE ET HORACE

Après Hésiode, il faut citer Virgile, également fils d'un cultivateur, et Horace, fils d'un affranchi.

Virgile (Publius Virgilius Maro) naquit à Andes, près de Mantoue, l'an 70 avant J.-C., et mourut à Brindes l'an 19.

Pour se montrer reconnaissant envers Mécène, son protecteur, favori et conseiller de l'empereur Auguste, il chanta les bienfaits de l'agriculture dans les beaux vers des *Bucoliques* et des *Géorgiques*, en s'inspirant d'Hésiode et de Théocrite, mais en donnant à ses imitations mêmes un cachet très personnel, fait de douceur et de délicatesse.

Horace (Quintus Horatius Flaccus) naquit à Vénuse en Apulie, l'an 65 avant J.-C., et mourut à l'âge de 57 ans. Lui aussi fut le protégé de Mécène, auquel Virgile l'avait fait connaître, et il devint l'ami d'Auguste, qui lui fit don d'une petite maison de campagne.

S'il flagella dans ses *Satires* les vices de son temps, il loua grandement l'agriculture et la vie champêtre, dans ses *Odes*, ses *Epîtres* ou ses *Épodes*, ne cessant de vanter les charmes d'une « médiocrité dorée. »

Aucun art, en effet, aucune branche de l'industrie ou du commerce n'offre aux poètes autant de sujets dignes des Muses. Les heureuses transactions commerciales, les mille découvertes industrielles peuvent présenter de beaux résultats pécuniaires ; mais l'agriculture seule a le monopole d'inspirer les poètes, par le renouvellement des saisons et la maturité des récoltes, dus au mystérieux, à l'admirable et providentiel travail de la nature.

ROSSET

Il est avéré que fort longtemps avant la traduction des *Géorgiques* de Virgile par Delille, et avant les *Saisons*, de Saint-Lambert, le poète Rosset, de Montpellier, fit un poème didactique sur l'Agriculture.

Les sujets chantés dans cet ouvrage sont : les champs, les vignes, les bois, les prairies, les troupeaux, la basse-cour, les plantes et le jardin potager, les étangs, les viviers et les jardins chinois ou anglais.

On ne peut dénier à Rosset le mérite d'avoir donné par cet ouvrage le premier exemple d'un poème français purement géorgique et d'avoir prouvé, non seulement que ce genre n'était pas incompatible avec notre langue, mais qu'elle pouvait en surmonter les difficultés d'une manière très heureuse.

SAINT-LAMBERT

Pour Saint-Lambert, nous empruntons la notice suivante à la *Galerie des contemporains*, publiée à Bruxelles :

Charles-François de Saint-Lambert, membre de l'Académie française, était de Nancy. Il naquit en 1717, de parents honorés. Attaché, jeune encore, au roi Stanislas, par un service qui n'occupait qu'une faible partie de ses journées, il profita de son loisir pour étudier les poètes et les philosophes : les Grecs et les Romains, ne séparant point ces deux études.

.   .   .   .

Le roi Stanislas faisait peut-être d'aussi mauvais vers que le grand Frédéric, mais il était meilleur homme. Il aimait les gens d'esprit et les rendait heureux. On a vu dans sa petite cour le même cercle réunir la marquise de Boufflers, Devaux, Tressan, Saint-Lambert, la marquise du Châtelet, Voltaire.

.   .   .   .

Le séjour de Voltaire à Lunéville offrit à Saint-Lambert, qui doutait encore de son talent, une occasion de s'en assurer. Il lui soumit ses vers, et l'approbation de ce grand juge l'enhardit.

Il débuta par une comédie-ballet, intitulée : *les Fêtes de l'Amour*. En 1764, il fit imprimer un écrit sur le luxe et, l'année d'après, il publia « Les quatre parties du jour. » Un auteur allemand (1) a fait un long poème sur ce sujet. Les quatre petites esquisses de Saint-Lambert ne sortent point de la classe des pièces qu'on appelle fugitives ; mais le coloriste pur et brillant s'annonçait déjà, surtout dans la peinture des beaux effets du matin et du soir.

Le peintre des *Saisons* essayait sa palette.

Ce grand poème parut en 1769, et plaça Saint-Lambert au rang de nos premiers écrivains. Thomson eut un rival. On admira la marche majestueuse de cette composition, la noblesse des pensées, la richesse et la vérité des tableaux, l'élégance continue du style, la pompe et l'harmonie de la versification.

(1) **Zacharie.**

On vit avec intérêt l'homme placé toujours au milieu de ces riants paysages, répandant sur toutes les parties du dessin le mouvement et la vie. Ce qui ne fut point assez loué, ce qui mérite de l'être plus que tout, c'est le soin que Saint-Lambert a pris de persuader aux possesseurs de terres que le plaisir, la paix du cœur, la santé, les attendent au sein de leurs domaines et parmi leurs habitants, heureux de leur bonheur, aisés de leur superflu, reconnaissants de leur présence. Il revient sur cette idée toutes les fois que son sujet l'y ramène. Il fait aimer à ces dédaigneux citadins des voluptés qui ne laissent de vide ni dans la journée, ni dans l'âme. Il déploie devant eux tous les trésors de l'agriculture, tout le luxe de Cérès, tous les présents des saisons.

Virgile eut un but non moins utile ; il écrivit ses immortelles *Géorgiques* pour apprendre aux cultivateurs à chérir leur sort :

> *O fortunatos nimium, sua si bona norint*
> *Agricolas !*

Voilà deux poèmes que l'intention qui les a dictés recommande aux bons esprits ainsi qu'aux bons cœurs, tout autant que leur supériorité littéraire.

Les Saisons étaient connues longtemps avant leur publication, par des lectures particulières. Rien n'est aussi dangereux, comme on sait, pour le succès réel et solide, que ces succès prématurés. Le poème de Saint-Lambert brava la bonne opinion qu'on en avait conçue. *Les Mois*, de Roucher, ne résistèrent pas à cette épreuve.

. . . .

A la suite de son poème, Saint-Lambert donna des opuscules en prose : *Ziméo, l'Abenaki, Philips et Sara, Fables orientales*. Toutes ces fictions annoncent un philosophe sensible et sont d'un bon écrivain.

Son dernier ouvrage a pour titre : *Principes des mœurs chez toutes les nations, ou Catéchisme universel*. On s'étonne qu'en composant ce livre l'auteur ait oublié cette pensée de Marc-Aurèle : « Toute vertu vient d'en haut ; la morale n'est que l'enseignement de la vertu : donc, toute morale a sa source au sein des dieux. »

. . . .

Il est mort le 11 février 1803, âgé de 85 ans, après avoir été appelé dans le sein de l'Académie française, où M. Suard a prononcé son éloge.

Et le même ouvrage contient les réflexions suivantes :

Dans ce dix-huitième siècle, le simple, l'élégant, l'harmonieux Métastase et l'abbé Frugoni ont fait de petits ouvrages remplis de tableaux de la campagne les plus riants et les plus vrais : en Angleterre, Thomson et Philips ont relevé la poésie champêtre ; en Allemagne, MM. Haller et Gessner lui donnent un éclat qu'elle n'avait pas eu depuis Virgile.

. . . .

Le progrès des sciences comprises sous le nom de physique, l'astronomie, la chimie, la botanique, etc., ont fait connaître le palais du monde et les hommes qui l'habitent. Depuis que l'homme a trouvé dans la nature des richesses nouvelles, il a soupçonné qu'il en pouvait découvrir encore et il a observé tous les êtres avec une attention curieuse.

. .

Avec le temps, l'homme se bâtit des huttes couvertes en roseaux et peu à peu fabriqua des poteries moins grossières. Il apprit à tisser la laine, le lin, même les écorces de certains arbres, et s'en fit des vêtements commodes. Ses premiers aliments furent naturellement les fruits, le gibier et le poisson.

D'après M. Alfred Rambaud, auteur de l'*Histoire de la civilisation française*, les vrais ancêtres des Gaulois vinrent d'Orient vers les X⁰ et IX⁰ siècles avant notre ère. Les Celtes, race pacifique, introduisirent dans la Gaule les métaux, bronze et fer, et occupèrent le centre du pays. Ils furent suivis, à deux ou trois siècles de distance, par les Gaulois, race essentiellement guerrière et conquérante.

La Gaule proprement dite se partage aujourd'hui entre la France, la Belgique, la Hollande, le Luxembourg, la Bavière et la Prusse rhénane, et son territoire compte actuellement 52 millions d'habitants, tandis qu'à l'époque romaine il n'était peuplé que d'environ 12 millions.

Le régime matrimonial était alors, ou à peu près, ce que nous appelons, de nos jours, la *communauté de biens*. La femme gauloise n'était point achetée par le mari, ainsi que cela se pratiquait chez d'autres barbares ; elle apportait une *dot*, ce qui était une garantie d'indépendance. Elle recueillait la moitié des biens acquis en commun pendant le mariage.

Le droit d'aînesse était inconnu ; si parfois il y avait une préférence, c'était en faveur du dernier-né, qui avait le droit de garder la maison paternelle : c'est ce droit qui s'est conservé au moyen âge, dans quelques cantons, sous le nom de *Juveignerie*.

Jules-César mit environ huit ans pour faire la conquête de la Gaule, avec 50 000 hommes (58-50 avant Jésus-Christ).

En Gaule, la terre appartenait d'une manière indivise au clan tout entier ; seulement, c'était le chef du clan ou les plus riches habitants qui possédaient des bêtes de labour et des charrues.

Certaines tribus gauloises pratiquaient assez bien l'agriculture. En fait de céréales, elles cultivaient le seigle et l'avoine ; mais le froment n'aurait été introduit qu'à l'époque romaine. Elles faisaient usage de la charrue à roue, des cribles en tissu de crin, des tonneaux de bois pour enfermer le vin, de la levure de bière comme ferment dans le pain, et employaient la marne et la chaux pour amender la terre.

Les Séquanes étaient d'excellents éleveurs de porcs. On citait comme bons les vins blancs de Béziers, les vins épais de Marseille, le vin de paille de la Drôme. Les fromages de Nîmes et des Gabales (Gévaudan) étaient recherchés dans tout le monde antique.

On exploitait des mines de fer chez les Bituriges (Berry) et les Pétrocorii (Périgord), le plomb argentifère chez les Ruttels (Rodez) et les Gabales, l'étain chez les Lemoviks (Limousin), etc...

L'agriculture prend un nouveau caractère à l'époque romaine.

Tandis qu'autrefois la terre n'était désignée que par le nom de la peuplade qui l'occupait, maintenant elle se morcelle en propriétés qui portent le nom de leur nouveau possesseur.

L'État, pour qui l'alimentation publique était une question vitale, avait donné une organisation spéciale au collège des marchands de blé, des marchands de porcs, des mariniers qui opéraient le transport de ces denrées, des déchargeurs qui en faisaient le débarquement, des boulangers, etc...

Les Français, comme les autres peuples de l'Occident, ne connaissaient presque rien, avant les Croisades, de la civilisation grecque, ni de la civilisation arabe.

Les Croisades amenèrent quelques progrès dans notre agriculture : il n'est pas exact que le maïs soit originaire d'Asie, mais bien la canne à sucre, le riz, l'indigo (dont le nom rappelle l'origine indienne), le sésame, le sarrasin, au nom bien caractéristique, le safran et le coton, dont les noms sont arabes ; le mûrier, certains arbres à fruits : pistachier, figuier, citronnier, caroubier, grenadier ; certains légumes, comme le melon d'eau ou pastèque, étaient cultivés en Syrie. Des variétés nouvelles d'animaux domestiques commencèrent à s'introduire chez nous : le cheval arabe, de très beaux ânes et des mulets magnifiques ; on assure que les moulins à vent ont été importés d'Asie en Normandie ; il n'en est pas question avant l'année 1180 et ils portent le nom « turquois » ou turcs.

L'agriculture, au moyen âge, était une pure routine. On semait à telle époque parce que l'on avait fait toujours ainsi, en vertu de tel ou tel dicton ou de telle ou telle recette mentionnée dans un calendrier ou simplement dans la mémoire des cultivateurs et transmis de père en fils. Il n'existait pas une science agricole ; les seuls traités que l'on possédait étaient ceux des écrivains romains, qui s'appliquent aux climats du Midi, comme l'Italie, mais non à la France.

L'agriculture romaine se conserva, grâce à l'intelligence et à l'activité des moines, qui se livrèrent avec zèle au défrichement des terres.

Un mouvement de renaissance commença à se faire sentir dans l'agriculture au XIIe siècle.

Au XIIIe, Vincent de Beauvais lui consacra plusieurs livres de son *Miroir doctrinal* ; mais ce ne sont que des compilations de fragments empruntés aux écrivains anciens.

Au XIVe siècle parut le *Vray régime et gouvernement des bergers*, par le rustique Jehan de Brie, « le bon berger », qui est de 1379.

Charles V fit traduire le *Traité d'Agriculture (liber ruralium comodorum)*, composé par Pierre de Crescens, de Bologne, agronome italien du XIIIe siècle, et dédié à Charles d'Anjou ; il fit traduire également l'ouvrage latin de Barthélemy de Glanville, le *Livre des propriétés et des choses*, sorte d'encyclopédie dont quelques parties intéressent l'agriculture.

On se servait des engrais et des marnes. La vaine pâture, qui avait conservé une extension abusive, surtout dans le centre de la France, était une grosse entrave au progrès de l'agronomie. Faute de pouvoir faire alterner, d'année en année, les cultures, et pour laisser au moins reposer la terre tous les deux ou trois ans, on la laissait en jachère.

En fait de céréales, on semait le froment, le seigle, l'orge, l'épeautre, le méteil, l'avoine, le millet, le blé noir ou sarrasin, importé d'Orient au temps des Croisades.

Comme chaque pays était obligé de se suffire à lui-même, on plantait la vigne, même dans des pays où l'on a renoncé depuis à cette culture, parce qu'on l'a trouvée trop incertaine ou trop peu rémunératrice : par exemple, en Normandie, en Bretagne, en Picardie.

L'art de couper, tremper, sophistiquer les vins était déjà pratiqué, surtout dans le Midi.

Parmi les arbres, l'orme fut, chez nous, une rareté au moyen âge ; on ne connaissait ni le platane, importé d'Italie en Provence au temps de Charles VIII, ni l'acacia, ni le marronnier d'Inde, introduits seulement au XVIIe siècle. Quant au mûrier, il ne fut cultivé, à partir du XVe siècle, que dans la Provence.

Parmi les fleurs, la reine-marguerite, qui est venue de la Chine en 1772, la capucine et le dahlia qui viennent d'Amérique, c'est-à-dire les fleurs les plus usuelles des jardins rustiques d'aujourd'hui, ne figuraient pas dans ceux du moyen âge.

A l'Amérique, le cultivateur européen empruntera le maïs, la pomme de terre, le topinambour, la tomate, l'ananas, le dahlia du Mexique, la capucine du Pérou. L'industrie européenne lui empruntera les bois de teinture, la cochenille, qui est le puceron du cactus. Les Jésuites enrichiront nos basses-cours du dindon, que les Indiens mexicains appelaient « totolin. » En outre, certains produits, originaires d'Orient, mais qui étaient encore des raretés en Europe : le café, la canne à sucre, le coton, l'indigo, une fois transplantés aux Antilles, y prospèreront si bien, qu'ils deviendront des objets de consommation générale dans le monde entier.

L'étude des agronomes anciens, Varron, Palladius, Caton, Columelle, amène, au XVIᵉ siècle, une renaissance de l'agriculture. On sait que l'Italie nous avait devancés, puisqu'au XIVᵉ siècle, Charles V avait fait traduire un traité italien du XIIIᵉ, celui de Pierre de Crescens. Pendant quelque temps, on se borna à propager, par l'imprimerie, d'anciens traités ; par exemple, en 1471 et 1474, à Augsbourg et Louvain, on imprima le livre de Pierre de Crescens ; en 1542, à Paris, celui de Jehan de Brie, qui est du XIVᵉ siècle. En 1496, on avait imprimé le *Calendrier des bergers*, par Guiot Marchand.

Ainsi, le XVIᵉ siècle semblait vouloir s'en tenir à la science du moyen âge. Mais bientôt Charles Estienne édite, en 1554, son traité d'agriculture, ou *Prædium rusticum*, que son gendre Liébault traduit en français, sous ce titre : *La Maison rustique.* En 1563, Bernard de Palissy publie un véritable traité d'agriculture, intitulé : *Recepte véritable par laquelle tous les hommes de France peuvent apprendre à multiplier et à augmenter leurs richesses.*

En 1599, nouveau progrès avec le *Théâtre d'agriculture et Mesnage des champs*, par Olivier de Serres, gentilhomme protestant du Vivarais, né en 1539. Le succès du livre s'affirma par cinq éditions en dix ans ; on sait que Henri IV le lut tout entier. Olivier de Serres considère vraiment l'agriculture comme une science, « une science plus utile que difficile, pourvu qu'elle soit entendue par principes, appliquée avec raison, conduite par expérience et pratiquée par diligence. »

Sous Henri IV, l'Etat s'inspira d'idées scientifiques sur la direction à donner à l'agriculture ; Henri IV encouragea, comme nous l'avons déjà dit, Olivier de Serres ; pendant trois mois, il consacra chaque jour une demi-heure à la lecture de son livre.

Henri IV, pour dessécher les marais, traita avec Bradley, gentilhomme hollandais qu'il institua grand maître des digues et qui transforma les marécages du Médoc (Guyenne), en une florissante colonie qu'on appela, en mémoire de ses premiers colons, la Petite Flandre.

Le roi fit si bien que, suivant un contemporain, l'abbé Marolles, les paysans recommencèrent partout à développer la culture du blé.

C'était au mois de juin. Henri IV rencontra un paysan du nom de Cadot, qui le pria de vouloir bien examiner un de ses champs de blé.

— Sire, dit-il, voilà les plus belles fleurs que je connaisse.

— Tu as raison, mon ami, lui répondit Henri IV, ce sont aussi les plus utiles, celles que je préfère.

Et lorsqu'il fut de retour à Paris, le roi envoya au laboureur quatre épis de blé en or, comme souvenir de sa visite.

Après le bon roi Henri IV, qui aimait également la France et son peuple, arrive le grand homme, le ministre fidèle et dévoué, Sully.

Maximilien de Béthune, duc de Sully, baron de Rosny, fut le camarade d'enfance et le coreligionnaire du roi. Il fut également son compagnon d'armes avant et après son avènement au trône. Il naquit au château de Rosny (Seine-et-Oise) en 1560, et mourut en 1641.

L'amour qu'avait Sully pour l'agriculture, qui était alors fort délaissée, fit du premier ministre du roi le protecteur des paysans, auxquels il était heureux de dire cette sentence immortelle :

« Le labourage et le pâturage, voilà les deux mamelles dont la France est alimentée, les vraies mines et trésors du Pérou. »

L'AGRICULTURE EN GRÈCE ET A ROME

Horace nous enseigne, dans son *Art poétique*, que les Muses prodiguèrent aux Grecs le génie et les charmes de l'élocution, parce que jamais ils ne furent avides que de gloire. La Grèce est la terre nourricière des troupeaux, qui fournissent à ses habitants leur principale richesse ; elle est toute en céréales ou en pâturages.

Les Romains furent supérieurs par l'agriculture proprement dite ; mais les Grecs furent leurs maîtres pour la philosophie, les belles-lettres, la peinture et l'art statuaire.

Nous lisons dans Plutarque, *Vies des Grecs illustres*, un fait qui mérite d'être signalé, parce que celui qui en a été l'objet était un marchand de moutons, profession qui se rattache à l'agriculture. Périclès mourut vers l'an 429 avant J.-C., laissant Aspasie, sa veuve. Nous ne pouvons mieux faire que de dire un mot de cette femme, qui s'acquit un renom si honorable et si général.

Elle était de Milet.

Périclès la rechercha pour son esprit et son sens politique, et l'épousa après avoir répudié sa femme, une parente, dont l'humeur était incompatible avec la sienne. Socrate allait souvent chez elle avec ses intimes pour entendre sa conversation. Eschine dit que Lysiclès, le marchand de moutons, homme grossier par naissance et par éducation, devint le premier citoyen d'Athènes, parce qu'il s'attacha à Aspasie après la mort de Périclès. Dans le début de son *Ménexène*, Platon, tout en ayant l'air de se jouer, ne laisse pas de donner comme historique qu'Aspasie avait la réputation de faire un cours de rhétorique à un grand nombre d'Athéniens.

Comme nous l'avons déjà dit, le mode de culture adopté en Grèce et chez les Romains, était le système pastoral et des jachères.

On n'y trouve pas les principes des assolements scientifiques et, quant au bétail, ce n'est pas la stabulation, absolue ou mixte, qui était suivie.

Laissons la parole à Virgile, au sujet des vins de la Grèce, si renommés. Le poète les chante dans le deuxième livre de ses *Géorgiques* :

La vigne ne suspend pas à vos arbres des grappes semblables à celles que, sur les coteaux de Méthymne, vendange Lesbos.

On connaît les vignes blanches de Thasos et du lac Ma-
réotis ; celles-ci se plaisent dans un terrain gras ; celles-là,
dans un sol plus léger.

La Psythie produit la meilleure malvoisie, et la vigne de
la couleur du lièvre donne ce vin léger qui enchaînera la
langue et les pieds du buveur ; il en est de rouges, il en est
de précoces. Mais où trouver des vers dignes de toi, vin
de Rhétie ? Ne prétends point cependant le disputer aux
celliers de Falerne.

Pour la force, on préfère les vins d'Aminée, auxquels le
cèdent et le Tmolus et le Phanée lui-même, ce roi des vi-
gnobles ; n'oublions pas le petit Argos, dont les vins, plus
abondants, résistent mieux que tous les autres à l'injure
des ans ; et toi, le charme de nos desserts, le plaisir des
dieux qu'on y invoque, comment t'oublier, délicieux vin
de Rhodes, ainsi que toi, Bumaste, aux grappes si gonflées ?

Mais, énumérer et nommer toutes ces espèces de vins,
n'est ni facile ni fort important : on aurait plus tôt compté
les grains de sable que le vent soulève dans les plaines de
la Libye, ou les flots que l'Eurus, quand il fond avec violence sur les navires, pousse aux rivages d'Ionie.

A Rome, la plupart des vins les plus chers, les plus
recherchés, étaient liquoreux, sucrés, épais, et of-
fraient presque la consistance du sirop ; il fallait les
couper, les délayer, pour les boire.

Les Romains poussaient jusqu'au préjugé la passion
du vin vieux ; ils le gardaient jusqu'à un âge où les
nôtres, beaucoup trop dépouillés, ne présenteraient
plus ni force ni saveur.

Pétrone parle d'un vin de Falerne de cent ans, et
Pline, d'un autre vin qui avait près de deux cents ans
et se trouvait réduit presque à l'état de miel coagulé.

Les anciens usaient fréquemment de certains ingrédients, pour vieillir ou donner de l'arome aux vins. Ils ajoutaient divers parfums : de l'aloès, du goudron, des feuilles de pin, des amandes amères, des figues sèches, du thym, des baies de myrte.

Quant aux vins de France et des bords du Rhin, nous n'avons pas de raison pour en faire le dénombrement : ils sont connus du monde entier.

Les vrais et bons vins de France : rouges, blancs et de Champagne, se consomment en plus grande quantité à l'étranger que chez nous.

CHAPITRE II

L'AGRICULTURE DANS LES TEMPS MODERNES

Les peuples vraiment sages et amis du progrès sont ceux qui se tiennent constamment en vedette sur les limites extrèmes du passé et de l'avenir : un œil ouvert du côté de leurs ancètres, et l'autre transformé en œil d'Argus, du côté où se lèvent les idées nouvelles, l'avenir, qui est censé porter sur ses ailes le Progrès.

Agissons prudemment et lentement, ne nous faisons pas remorquer trop vite par le courant des idées, et prètons-leur une oreille attentive et sans préjugés.

L'anecdote suivante, tirée du livre de lecture et de morale de M. E. Devinat, et rapportée par M. Mézières, n'indique-t-elle pas l'importance que nous devons attacher au labeur agricole bien compris, en considérant les leçons de l'histoire :

Les mauvaises traditions, la jalousie ou l'envie ont été, de tout temps, de mauvaises conseillères, en agriculture comme en toutes autres choses. Elles ont toujours écarté systématiquement le progrès. En voici un exemple :

« Du temps des anciens Romains, un cultivateur nommé Crésinus, retirait d'un très petit fonds de terre des récoltes beaucoup plus belles que ses voisins n'en retiraient de leurs grands domaines. Jaloux de lui, ils l'accusèrent d'employer des sortilèges, pour attirer dans son champ les moissons d'autrui.

Cité devant le peuple et menacé d'une condamnation, Crésinus amena au tribunal tout son attirail de laboureur, ses serviteurs robustes, bien nourris, bien vêtus, ses outils parfaitement faits, de lourds hoyaux, des socs pesants, des bœufs gras et luisants : « Voilà, dit-il, mes sortilèges ; je ne puis vous montrer en même temps ni amener devant vous mes veilles, mes fatigues, mes sueurs. » Il fut absous par une sentence unanime. »

Il en est de la science agricole comme des autres sciences, quelles qu'elles soient : le progrès doit être raisonné en toutes choses.

Si des Grecs nous passons aux Romains, nous voyons que, dans les lois et les institutions établies par les premiers législateurs de Rome, tout décèle l'intention d'honorer l'agriculture et d'en faire la base tout à la fois de la prospérité et de la moralité publiques.

Il fallait, dans les premiers temps, posséder un champ, si modique qu'il fût, et le cultiver soi-même, pour être admis au nombre des défenseurs de la patrie. En outre, des lois sévères veillaient au respect des moissons et des limites des propriétés. C'était l'époque où les plus grands hommes cultivaient leurs champs de leurs propres mains, quittaient, sur l'invitation du Sénat, la bêche pour les faisceaux consulaires, et ve-

naient la reprendre aussitôt que l'Etat n'avait plus besoin de leurs services.

Pour la France moderne, nous empruntons l'aperçu
ci-après à l'ouvrage de M. Rambaud :

En 1756 se fonde en France la *Société d'agriculture de
Bretagne* ; en 1761, celle de Laon ; les plus grands person-
nages, l'évêque-duc de Laon, l'abbé de Prémontré, le duc
de Gesvres, les La Trémoille, les Coigny, les Charrost, se
font inscrire parmi les membres de cette Société, avec un
bureau à Soissons, en 1785, le *Comité consultatif d'agriculture*, qui compte 900 correspondants, et dont le duc de
Larochefoucauld-Liancourt est le principal inspirateur. Ces
Sociétés entrent en relation avec le Ministère, les inten-
dants, les évêques, les curés, mettent au concours les questions intéressant l'agriculture et couronnent les meilleurs
mémoires, instituent des assemblées publiques où les cultivateurs les plus distingués reçoivent des récompenses :
parfois une charrue ou une herse perfectionnée, parfois
l'exemption de la milice, de la corvée ou de certains im-
pôts, décernée par l'intendant. A Angoulême, il y a un
Cours pratique d'agriculture ; à Amiens, dom Robbe, prieur
du couvent des Feuillants, fonde un jardin botanique et
institue des leçons publiques d'agriculture. Larochefoucauld
crée la *ferme-modèle* ou *ferme-anglaise* de Liancourt, et une
Ecole d'arts et métiers. Le duc de Béthune-Charrost jette
le plan d'un vaste système d'enseignement agricole. On
commence à parler d'inspecteurs d'agriculture, de profes-
seurs ambulants. On cherche à répandre la charrue-semoir,
inventée par Valioud, de Laon. Larochefoucauld fait venir
des moutons d'Espagne, et le duc de Croy des moutons du
Lincolnshire.

Dès 1750, *l'Encyclopédie* lui consacre des articles excellents. Daubenton, reprenant l'œuvre de Jehan de Brie au
XIVe siècle, publie, en 1782, son *Instruction pour les ber-*

gers, où il traite de l'élève des moutons et de la préparation des laines. En 1767, paraît le *Journal de l'Agriculture, du Commerce et des Finances*, rédigé par les économistes Mirabeau et Dupont de Nemours ; un peu plus tard, le *Cours d'agriculture* de l'abbé Rozier (1781), sorte de dictionnaire pratique ; et les *Annales d'agriculture*, de Tessier.

Après les épizooties bovines de 1745 à 1780, l'administration, sur les indications des Sociétés d'agriculture, prend une série de mesures d'isolement, de préservation, d'abattage des animaux malades, avec indemnité aux propriétaires, qui sont encore pratiquées aujourd'hui. On se préoccupe de la santé des campagnards : dès 1728, on a distribué des *boîtes à remèdes* aux curés et aux sœurs ; en 1769, on en répand 952 000, et Louis XVI double encore ce nombre. En un mot, la bonne volonté était universelle et elle commençait à se traduire par des résultats. Ce fut en 1785, sous le règne de Louis XVI, que les Comices agricoles furent créés ; mais l'Etat ne les reconnut officiellement qu'en 1820.

On voit par ce qui précède que, vers la fin du XVIIIe siècle, il y avait un grand élan pour faire de l'agriculture *une science*.

Depuis 1789, l'agriculture a été en quelque sorte transformée par les découvertes de la chimie. Le système des jachères a été un peu abandonné comme funeste à la culture, et on s'est livré au perfectionnement des assolements ; notre pays s'est enrichi de la culture de la pomme de terre et de la betterave ; les prairies artificielles ont reçu une extension considérable ; de bonnes méthodes d'irrigation, de précieux amendements, des instruments, des machines de toutes sortes ont été inventés ; des fermes modèles ont été établies, des cours spéciaux ont été ouverts ; des Sociétés d'agriculture ont rivalisé d'efforts pour perfectionner les méthodes et propager de nouvelles découvertes.

L'agriculture romaine nous est connue par les *Géorgiques* de Virgile, qui avaient principalement pour but de faire aimer les champs; par les traités de Caton le Censeur, de Varron, de Columelle, de Palladius, etc. L'ouvrage de l'Arabe Ebn-el-Avam est un monument curieux de l'agriculture des Maures en Espagne.

Au XVIe siècle, époque de renaissance pour l'agriculture, paraissent à de courts intervalles, en Italie, les *Vinti giornate dell' agricultura*, de Gallo, et le *Ricordo d'agricultura* du vénitien Camille Tarello qui, le premier, proposa d'alterner les cultures ; en Espagne, l'ouvrage de Herrera ; en Allemagne, celui de Heresbach ; en Angleterre, celui de Fitz-Herbert ; en France, le Théâtre d'agriculture d'Olivier de Serres, la Maison rustique de Ch. Estienne. C'est à Olivier de Serres, surnommé avec raison le père de l'agriculture, que nous devons la première notice détaillée sur la pomme de terre, alors récemment importée d'Amérique, ainsi que l'extension et le perfectionnement de la culture du mûrier.

A partir du XVIIe siècle, on voit apparaître les ouvrages des agronomes anglais : Hartlib, Tull, Arthur Young, Marshall, sir John Sainclair, etc. En France, la *Nouvelle maison rustique*, de Liger ; le *Cours d'agriculture*, de l'abbé Rozier ; les *Éléments d'agriculture*, de Duhamel ; les *Annales de l'agriculture*, de Tessier, Bosc, etc. ; et, parmi les ouvrages tout à fait modernes, le *Cours d'agriculture*, de M. de Gasparin ; le *Cours élémentaire d'agriculture*, de MM. Girardin et Dubreuil ; le *Dictionnaire raisonné d'agriculture et d'économie du bétail*, par M. Richard (du Cantal) ; le *Précis d'agriculture*, de MM. Payen et Richard ; le *Livre de la ferme et des maisons de campagne,* de M. P. Joigneaux.

Voici maintenant les noms des principaux chimistes qui se sont occupés de l'analyse des viandes et de leur rendement, ainsi que de l'analyse des terres : Liebig, Payen, Boussingault, Valentin, Barral, Way, Chübler, Gasparin, Thaër, Pierre Malaguti, Thénard, Tompson, le Dr Rheim, Soubeyron, Girardin, Stockardt, Nesbit et Rohart.

On sait que la théorie de la nutrition minérale des végétaux et, par suite, de la restitution au sol des éléments utiles enlevés par les récoltes, a été fondée par les travaux de Boussingault, de Liebig et de Gasparin. Georges Ville l'a démontrée par ses expériences de Vincennes, mais elle est devenue tout à fait accessible au public agricole, et susceptible d'applications faciles, sûres et profitables, grâce aux travaux de M. Joulie.

Encouragé par la Société des agriculteurs de France, ce savant chimiste a, par une longue série d'analyses, fait connaître la composition des plantes cultivées produites dans de bonnes conditions, et il fournit ainsi un point de comparaison au moyen duquel on peut, par l'analyse d'une récolte donnée, reconnaître ce qui manque à la terre qui l'a portée.

Avec les Schlœsing, les Müntz, les Berthelot et les Dehérain, la science continue à tendre la main à l'agriculture et à l'aider de ses brillantes découvertes.

Cette partie de la science de la chimie agricole se nomme *comptabilité du sol*, dont les différentes opérations sont mises en relief, avec chiffres à l'appui, dans un instructif tableau publié sous le patronage de la Société des agriculteurs de France, par M. Alfred Dudoüy.

Ajoutez à ces connaissances scientifiques, le poids net, l'état de densité et de dégustation des viandes des différentes races de bétail, et vous aurez les progrès, dans ce genre, accomplis par nos contemporains.

Les nombreux Comices et Sociétés agricoles des grandes villes qui protègent les concours, nous sont garants que le progrès continuera toujours sa marche lente, mais sûre, aussi bien en France que dans les différents pays de l'Europe.

CHAPITRE III

L'AVENIR DE L'AGRICULTURE

> L'agriculture, qui est le fondement de
> la vie humaine, est la source de tous les
> vrais biens.
>
> Dans la suite, tout ce pays sera peuplé
> de familles vigoureuses et adonnées à
> l'agriculture.
>
> FÉNELON.

Nous vivons dans un temps où l'homme, non content
de pénétrer les secrets de la science, tient aussi à lire
dans l'avenir.

Les statistiques nous instruisent, grâce aux observations consignées avec méthode et précision, sur certains faits qui appartiennent déjà au passé.

L'homme, toujours désireux de connaître, a inventé
le baromètre, afin d'avoir, par le plus ou moins de pres-
sion de l'atmosphère, un indice de beau ou de mauvais
temps.

Le titre que je donne à ce chapitre indique suffisam-
ment que je désire aussi, moi, lire dans l'avenir, au
sujet de la prospérité de l'agriculture.

Afin de voir briller d'un nouvel éclat le *progrès agricole*, j'ai mis mon imagination en quête de nouveaux moyens, de nouvelles forces, pour augmenter les bataillons des travailleurs de la terre.

A l'aide de documents aussi exacts que possible, je suis arrivé à reconnaître que, dans notre belle France, il y avait, au bas mot, onze cent mille hommes voués complètement à l'oisiveté et appartenant à toutes les classes de la société.

La paresse et l'orgueil enlèvent des forces vives à l'agriculture, cette puissance créatrice du pain, du vin et de la viande. Je fais appel à ces nombreuses intelligences, trop passionnées pour les cercles, les cafés, les jeux et les plaisirs de toutes sortes, et qui, mieux dirigées, rendraient, à n'en pas douter, de grands services à leur pays.

Il y a, dans les œuvres d'Alfred de Musset, une épître à M. Buloz *Sur la Paresse*, et quoiqu'elle ait pour but de justifier une période d'inaction de l'écrivain, elle contient plus d'un passage bon à retenir.

Musset commence par citer ces vers de Mathurin Régnier :

> Oui, j'écris rarement et me plais de le faire :
> Non pas que la paresse en moi soit ordinaire ;
> Mais sitôt que je prends la plume à ce dessein,
> Je crois prendre en galère une rame à la main.

Et, là-dessus, il fait le procès des mœurs du siècle, et sa critique même montre combien la paresse est néfaste. Après avoir déploré

> La fièvre de ces fous qui s'en vont par les routes
> Arracher la charrue aux mains du laboureur,

il flétrit, en effet, les inutiles, dans ce passage frappé au bon coin :

> Il eût trouvé ce siècle indigne de satire,
> Trop vain pour en pleurer, trop triste pour en rire,
> Et, quel que fût son rêve, il l'eût voulu garder !
> Il n'est que trop facile, à qui sait regarder,
> De comprendre pourquoi tout est malade en France :
> Le mal des gens d'esprit, c'est leur indifférence,
> Celui des gens de cœur, leur inutilité !..

Les parents devront donner à leurs fils de salutaires conseils, afin de les faire entrer dans la voie des vraies vocations, choisies exclusivement par ceux-ci *motu proprio*, affranchis de la crainte révérencielle, excepté dans le cas où l'on se trouverait en présence du *non volumus, non possumus*, formulé nettement par un esprit réfractaire à toute idée de travail.

Une fois la vocation arrêtée, il faudra que les jeunes gens persévèrent dans la voie tracée par eux-mêmes, en s'adonnant aux études dont ils auront absolument besoin dans la vie pour exercer la profession de leur choix. Alors, plus d'hésitations, plus de désertions, plus de changements d'opinion à cet égard ; les maîtres devront les maintenir de leur mieux dans cet ordre d'idées.

Redoutez, jeunes gens, qu'on vous applique un jour l'épitaphe que le bon La Fontaine avait composée pour lui-même :

> Jean s'en alla comme il était venu,
> Mangeant son fonds avec son revenu,
> Croyant trésor chose peu nécessaire...
>   etc., etc.

En étant travailleurs et économes, vous éviterez le piège tendu au prodigue orgueilleux par Eutrapèle (*) et qui consistait à le flatter, en lui donnant des avis perfides ; puis, une fois ruiné, à souhaiter à ce jeune étourdi qu'il devînt gladiateur ou fût réduit, pour subsister, à conduire au marché l'âne d'un jardinier.

O jeunes gens oisifs, rompez au plus vite avec la paresse, cette mère de tous les vices.

C'est Hésiode, le grand poète grec, le païen moraliste, qui vous donne ce conseil, comme vous le verrez en lisant les belles sentences reproduites à la fin de cet ouvrage.

Entrez résolument dans cette arène du travail, qui ne connaît pour bornes que celles de l'univers.

Et, si vous vous tournez vers l'agriculture, ne supposez pas que le propriétaire n'a besoin d'aucune science pour faire prospérer ses biens. La terre se venge de ceux qui la dédaignent en produisant le moins possible de sa propre initiative, épuisée qu'elle est par sa fécondité même.

L'agronomie, ne vous y trompez pas, est une science très complexe, et le grand économiste Hippolyte Passy a eu raison de dire :

« De tous les industriels, les cultivateurs sont ceux qui ont le plus besoin de réunir les connaissances les plus nombreuses et les plus variées, de combiner le plus d'idées et de notions dans l'emploi de leurs facultés productives. »

(*) Voir à l'appendice, aux extraits d'Horace, l'épître à Lollius.

Jeunes gens qui voulez faire prospérer les terres que vos parents ont amassées au prix d'efforts quelquefois séculaires, étudiez donc la science agricole, l'économie rurale et domestique, la chimie appliquée à l'agriculture, en un mot, toutes les branches de l'agronomie.

En entrant dans cette voie, vous aurez bien mérité de la patrie, car le retour au labeur des champs peut seul apporter un remède au malaise social dont nous souffrons en France.

Et, une fois devenus membres de la grande et honorable famille des laborieux, vous adopterez cette devise qui, en vous faisant estimer de vos concitoyens, présidera à votre prospérité :

Labor improbus omnia vincit !

MODE SPÉCIAL DE S'INSTRUIRE EN AGRICULTURE
D'après MATHIEU DE DOMBASLE

Son appréciation sur l'enseignement, tel qu'il est donné
en France dans les Collèges

> La fougère ne pousse que dans les
> champs que l'on néglige.
> Les natures les plus rebelles s'amé-
> liorent par l'éducation.
>
> (Paroles d'HORACE).

Comme complément à notre troisième chapitre, il nous a paru bon de placer ici des considérations, encore pleines d'actualité, tirées du huitième volume des *Annales de Roville*, de Dombasle.

Laissons parler le grand agronome :

L'éducation imprime son caractère sur toute la vie de l'homme : elle laisse encore subsister des dispositions et des aptitudes diverses, parce qu'elle ne peut détruire l'individualité ; mais elle la modifie à un haut degré, et, pendant tout le cours de son existence, un homme conservera quelque chose des impressions qu'il a reçues pendant cette période de la vie qui précède la virilité.

L'éducation que les hommes reçoivent communément en France, c'est-à-dire l'éducation telle qu'elle est donnée dans les établissements publics, est-elle propre à développer les qualités qui facilitent les succès dans l'agriculture ? Telle est la question que je dois examiner ici, puisque je m'adresse aux classes éclairées qui n'ont guère eu, jusqu'ici, à leur disposition que ce genre d'éducation, et puisqu'il s'agit de rechercher l'influence qu'il peut exercer sur le succès d'un agriculteur. Ce que j'ai à dire sur ce sujet n'offrira peut-être que des regrets à plusieurs de ceux qui me liront ; mais il me semble que l'examen de cette question présente une matière du plus haut intérêt pour la génération future.

On peut, je pense, avancer sans hésitation que le mode d'éducation généralement usité en France, n'est nullement propre à former des hommes qui puissent se promettre des succès dans la carrière de l'agriculture : pendant cette période de la vie qui semble destinée à graver dans l'esprit et l'imagination des hommes, les impressions qui serviront de guide à leurs actions pendant toute leur carrière, les jeunes gens sont occupés à recueillir des idées et des connaissances qui leur seront de la *plus complète inutilité* pour l'exercice de cet art ; les langues anciennes, des notions plus ou moins précises sur les peuples de l'antiquité, objets sur lesquels on fixe presque exclusivement l'attention des jeunes gens, ne leur présenteront pas, dans tout le cours d'une carrière agricole, le plus léger secours, ni l'occasion d'une seule application. Mais ce n'est pas seulement par ce motif qu'on doit considérer l'éducation que l'on reçoit dans les collèges comme moins propre à former des agriculteurs, qu'à préparer les hommes à la plupart des autres professions de la vie sociale : car, sous ce rapport, elles sont toutes placées à peu près dans la même position. En effet, il serait aussi utile à un cultivateur d'étudier son art dans les *Géoponiques* anciens, qu'il l'est à un magistrat de lire, dans les textes originaux, le *Digeste* ou les *Institutes*, ou qu'il l'est à un médecin de consulter l'original des *Aphorismes d'Hippocrate* ou des *Préceptes de l'école de Salerne*.

Ce contre-sens complet entre la vie sociale et l'éducation est le résultat de l'inconcevable bizarrerie qui a perpétué, jusqu'à nos jours, dans les écoles, les mêmes objets d'enseignement que l'on y avait adoptés dans les siècles où les seules sources de connaissances se trouvaient dans les auteurs anciens, et où les savants, au lieu de traduire ces auteurs, de les imiter et de les commenter en langue vulgaire, comme on l'a fait depuis, avaient adopté eux-mêmes l'usage des langues mortes. Le système d'éducation adopté encore aujourd'hui dans les collèges, est donc tout simplement un *anachronisme*, et il n'est certes pas difficile de découvrir sous quelles influences un tel système a survécu pendant si longtemps à l'état social qui l'avait fait naître.

L'agriculture ne pourrait donc pas raisonnablement se plaindre d'être plus mal partagée dans les cours d'éducation de nos collèges, que les autres branches des connaissances les plus utiles dans nos sociétés modernes ; mais il y a dans l'éducation des collèges quelque chose qui tend essentiellement à détourner les hommes de la carrière agricole et qui les rend moins propres à la parcourir qu'à se livrer à quelques-unes des autres occupations de la vie. Ici, l'agriculture se trouve placée dans une position qui lui est commune avec toutes les autres branches d'industrie ; le commerce et l'industrie manufacturière sont, de même que l'industrie agricole, des carrières pour lesquelles l'éducation ordinaire des collèges forme, souvent pour la vie, un obstacle très grave aux succès, lorsqu'elle n'en détourne pas pour jamais les jeunes gens qui l'ont reçue. Qui n'a entendu faire cette remarque, si souvent répétée par les gens du monde, savoir que les négociants et les manufacturiers, même les plus distingués dans leur profession, sont en général des hommes qui manquent presque complètement de ce que l'on appelle connaissances générales, et sont même, il faut trancher le mot, fort ignorants sur tout ce qui est étranger à la profession qu'ils ont embrassée ?

M. de Dombasle, joignant l'exemple au précepte, s'empresse de nous parler de M. de Fellemberg, qui fonda à Hoffwyl (Suisse), une école d'industrie qui, en 1828, comptait déjà 24 ans d'existence et de succès. Elle se composait, en partie, de jeunes vagabonds de la moralité la plus dépravée, que la police locale recueille sur la voie publique, où ils apprenaient à mendier et à voler.

L'expérience a appris qu'en peu de temps les habitudes morales de ces enfants se changent totalement, au moyen des soins paternels qu'on leur prodigue, de l'instruction qu'on leur donne et de l'amour du travail qu'on sait leur inspirer. Cette école fournit depuis longtemps, non seulement les valets les plus laborieux et les plus intelligents de l'exploitation de Hoffwyl, mais aussi un grand nombre de sujets, très recherchés par les propriétaires de la Suisse et de l'Allemagne, qui veulent introduire dans leurs exploitations des méthodes perfectionnées d'agriculture. Transformer ainsi en des hommes utiles à la société des êtres voués, par leur position, à l'ignorance, à la misère et à tous les vices qui ne manquent guère de les accompagner, est peut-être la tâche la plus noble et la plus satisfaisante qu'un ami de l'humanité puisse se proposer.

CHAPITRE IV

LA SYLVICULTURE

Les bois ayant une grande importance dans nos régions, et ce livre étant destiné à des jeunes gens, nous ne croyons pas déplacé de faire figurer ici un chapitre spécial sur la sylviculture.

Le bois est cette substance fibreuse, compacte, plus ou moins dure et résistante, qui constitue la majeure partie du corps des arbres et des arbrisseaux. Les grands arbres de nos climats se divisent en deux grandes catégories : les *bois feuillus* ou à feuilles caduques, tels que le chêne, l'orme, le frêne, etc., et les *bois résineux*, tels que le pin, le sapin, le mélèze, etc.

Cette distinction toute naturelle est très importante : elle intéresse à la fois le botaniste et le forestier. Les bois résineux, en effet, ne renferment de *vaisseaux* que dans leur étui médullaire ; toutes les autres parties sont uniquement composées de *fibres*. Dans les bois feuillus, au contraire, on trouve, outre les fibres, des vaisseaux tantôt isolés et tantôt groupés, mais presque toujours disposés sans aucun ordre. La struc-

ture du tissu ligneux est donc fibro-vasculaire chez
ces derniers, et purement fibreuse chez les autres.
Cette particularité influe puissamment sur les diverses
qualités des bois.

La matière ligneuse se compose de deux parties :
l'une interne, ou bois parfait, l'autre extérieure, l'aubier. Sur beaucoup d'arbres, il existe une ligne nettement tracée entre le bois parfait et l'aubier. Cette ligne
est d'autant plus apparente, qu'en général ces deux
parties diffèrent de couleur, en même temps que de
dureté.

Au point de vue chimique, les bois se composent
essentiellement de carbone, d'hydrogène, d'oxygène,
d'azote, et d'une petite quantité de matières minérales.
Les corps simples, tels que le carbone, l'oxygène, etc..
éprouvent peu de variations dans leurs proportions,
selon les essences et les diverses circonstances qui
pourraient influer sur la végétation.

Les propriétés physiques des bois varient suivant
l'essence que l'on considère.

ALTÉRATION DES BOIS

Les défauts des bois sont nombreux : nous ne pouvons que les énumérer ici ; ce sont la *roulure*, la *gé-
livure*, la *cadranure*, la *torsion des fibres*, la *ver-
moulure*, la *carie*, la *lunure* ou *double aubier*, la
grisette, etc. C'est ce qu'on appelle les *tares locales*
du bois.

TAILLIS

Le taillis est une plus ou moins grande forêt, composée de plants ou sujets qui se reproduisent au moyen
des rejets de souches et des drageons.

L'intervalle de temps qui s'écoule entre deux exploitations ou coupes de bois, s'appelle *révolution*.

L'aménagement des taillis veut que l'on divise la forèt en un certain nombre de coupes, qui auront lieu au fur et à mesure que le bois aura atteint l'âge de la révolution.

Si la végétation du taillis est lente, il faudra retarder l'époque de la coupe ; dans le cas contraire, il faudra l'avancer.

Le délai des coupes dites révolutions est de 15 à 20 ans.

Les semis de taillis se font au printemps ou en automne, sur un terrain bien préparé à cet effet.

FUTAIES

La futaie est une agglomération plus ou moins considérable d'arbres plus âgés et plus volumineux que les taillis.

Le traitement que l'on suit pour ces sortes de bois repose sur deux méthodes principales : celle du *réensemencement naturel* et des *éclaircies*, et celle du *jardinage*.

L'opération par laquelle on coupe les arbres âgés, ceux qui sont viciés, secs ou dépérissants, et même ceux qu'on pourrait livrer au commerce, se nomme opération du *jardinage*.

Quand on sème les glands en automne, il n'y a d'autre soin à prendre que de les étendre et de les remuer à la pelle en bois, pour qu'ils ne fermentent pas ; si l'on veut les conserver jusqu'au printemps, il faut les mélanger avec du sable bien lavé et sec.

Les plantations d'arbres se font en automne et au printemps ; en plaine, on plantera les résineux, de préférence en automne ; en montagne, on les plantera au printemps.

ANIMAUX NUISIBLES AUX ARBRES

Le *mulot*, qui s'attaque principalement aux pépinières et aux semis artificiels.

Les oiseaux de nuit, en général, sont les ennemis des petits rongeurs. Le hérisson est un animal utile, car il dévore les larves d'insectes, les mulots et même les vipères.

En général, la présence des oiseaux dans les bois est très utile.

INSECTES NUISIBLES

Auprès des oiseaux utiles se trouvent les insectes nuisibles. Ils sont d'autant plus dangereux pour les arbres que ces insectes sont plus petits. Nous nommerons parmi ceux-ci : le *bostriche*, l'*hylésine* du pin, le *bombyx* du pin, le *man* ou *ver blanc*, la *courtilière*.

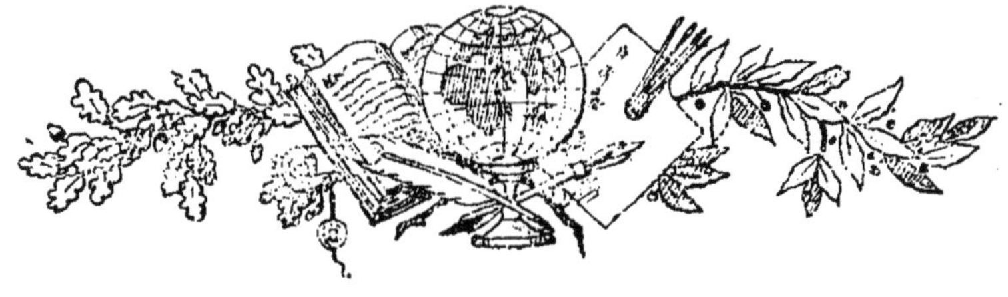

Notices

SUR

OLIVIER DE SERRES

ET

MATHIEU DE DOMBASLE

Olivier de Serres et Mathieu de Dombasle étant les agronomes français les plus célèbres, il n'est que juste de consacrer ici une notice particulière à ces deux gloires nationales, qui ont si puissamment contribué aux progrès de l'agriculture.

OLIVIER DE SERRES

Olivier de Serres est né en 1539, à Villeneuve-de-Berg (Ardèche), où il est mort en 1619, à l'âge de 80 ans.

Il publia son traité sur l'agriculture, en 1599, sous le titre : *Théâtre de l'agriculture et Mesnage des champs.*

Son ouvrage complet a deux volumes et contient ses observations, ses expériences et ses études pendant 40 années.

Il a écrit sur toutes les questions se rattachant à l'agriculture, avec une supériorité universellement reconnue.

« Ce n'est pas seulement ce qu'on sème qui rapporte, disait-il, c'est ce qu'on soigne. »

Et aussi :

« La terre se délecte en la mutation des semences. »

Il sut montrer l'avantage des herbages et, le premier, mit en usage les prairies artificielles qui furent vulgarisées, plus tard, par Bosc, Yvart, et surtout par Gilbert.

A cette époque, si éloignée de nous, Olivier de Serres avait pressenti le produit que l'on pouvait tirer du jus de la betterave, ainsi que l'on peut en juger par ses propres paroles, prononcées en 1605, et empreintes de son pittoresque langage :

« Le jus de la betterave, en cuisant, devient semblable au sirop, au sucre, est si beau à voir par sa vermeille couleur. »

Il publia aussi, sur la demande de Sully et pour être agréable au roi, un traité sur les vers à soie, dont l'élevage commençait à se répandre et à donner des résultats.

Ses travaux lui méritèrent le titre glorieux de « père de l'agriculture. »

En 1804, on lui éleva un monument à Villeneuve-de-Berg, et, en 1858, sa statue fut érigée dans la même localité.

MATHIEU DE DOMBASLE

Christophe-Joseph-Alexandre Mathieu de Dombasle
naquit à Nancy, le 26 février 1777, et mourut dans la
même ville, le 27 décembre 1843, à l'âge de 66 ans.

Pendant vingt ans, il a répandu ses livres, ses leçons
et ses instruments ; il a inventé une charrue, perfec-

tionné de nombreux outils aratoires, propagé la culture du lin, amélioré les laines des moutons, habitué les cultivateurs des sols non calcaires à employer la marne.

On lui doit, en outre, une mesure pour peser les bœufs gras, connue sous le nom de *Cordon-Dombasle*.

Il a importé d'Angleterre en France, en 1823, les défis de charrues (concours de charrues).

Il fut le directeur de la Ferme-école-modèle de Roville (Meurthe) à partir de l'année 1822 jusqu'en 1842.

Mathieu de Dombasle a formé plus de 400 élèves, tant Français qu'étrangers, et consigné ses études et le résultat de ses opérations dans les *Annales agricoles de Roville*, qui forment ensemble neuf volumes.

Parmi ses écrits, il faut citer :

Comptabilité générale en matière agricole ; Essai sur l'analyse des eaux naturelles par les réactifs ; Description des nouveaux instruments d'agriculture (traduit de l'Allemand Thaër) ; Théorie de la charrue ; Calendrier du bon cultivateur ; Du succès ou des revers dans les exploitations agricoles ; Faits et observations sur la fabrication du sucre de la betterave ; Agriculture pratique et raisonnée (traduit de l'Anglais de Sainclair) ; Instruction sur la distillerie des grains et des pommes de terre ; Examen critique des éléments de chimie agricole de Humphry Davy ; sans parler de 23 autres brochures et ouvrages composés à Roville.

Il fit partie de 42 Sociétés savantes.

Mathieu de Dombasle a le génie agricole ; il veut enrichir la France.

« Améliorer le sol, c'est servir la patrie ! » a-t-il écrit.

Il lui tarde de se mesurer avec les Anglais, les Allemands et même avec les Suisses, qui étaient alors, en 1822, les seuls peuples en Europe chez lesquels le progrès en agriculture n'était pas un vain mot.

Il a hâte de devenir l'émule, pour ne pas dire davantage, des agronomes anglais Backwel, Arthur Young, Cook, John Sainclair, des Allemands Thaër et Schwerz, et des Suisses Charles Pictet et Fellemberg.

Mathieu de Dombasle appelle de tous ses vœux cette lutte pacifique, qui tourne toujours au profit de l'humanité, en transformant des terrains incultes en sillons chargés de moissons abondantes.

Se faire le plus de disciples possible, en répandant et popularisant ses idées agricoles, théoriques et pratiques, telle est la noble et unique ambition de l'illustre agronome Mathieu de Dombasle, qui avait adopté pour devise : « Progrès, mais prudence ! »

Une statue en bronze lui a été élevée à Nancy, en 1850.

*
* *

Semblables à deux phares, Olivier de Serres et Mathieu de Dombasle n'ont cessé de répandre leurs brillantes lumières sur notre vieux sol français.

Ce sont eux qui, les premiers, nous ont signalé les écueils à éviter en agriculture, cet art si difficile, et pour lequel on ne peut jamais avoir assez de connaissances en théorie et en pratique.

APPENDICE

Extraits des Poètes anciens

HÉSIODE, VIRGILE ET HORACE

Concernant l'Agriculture ou la Vie des Champs

HÉSIODE

Poëte grec qui vivait au Xme siècle avant notre ère

SENTENCES TIRÉES DE SON POÈME DIDACTIQUE

LES TRAVAUX ET LES JOURS

LIVRE I

Muses, qui illustrez par vos chants, venez de la Piérie, et dites, en louant votre père Zeus, comment les hommes mortels sont inconnus ou célèbres, irréprochables ou couverts d'opprobre, par la volonté du grand Zeus. En effet, il élève et renverse aisément ; il abaisse aisément l'homme puissant et il fortifie le faible ; il châtie le mauvais et il humilie le superbe, Zeus qui tonne dans les hauteurs et qui habite les demeures supérieures.

Ecoute, ô Zeus qui entends et vois tout, et conforme nos jugements à ta justice ! Pour moi, j'enseignerai à Persès des choses vraies.

. . . .

O Persès, garde ceci en ton esprit : que l'envie qui se réjouit des maux ne détourne pas ton esprit du travail, en te faisant suivre les procès et écouter les plaideurs dans l'agora. Il faut n'accorder que peu d'attention aux procès et à l'agora, quand on n'a point amassé dans sa maison, pendant la saison, la nourriture, présent de Déméter. Une fois rassasié, tu feras, si tu le veux, des procès et des querelles aux richesses des autres ; mais, alors, il ne te sera plus permis d'agir ainsi. Terminons donc le procès par des jugements droits, qui sont les dons excellents de Zeus.

. . . .

O Persès, garde ceci dans ton esprit : accueille l'esprit de justice et repousse la violence, car le Kroniôn a imposé cette loi aux hommes. Il a permis aux poissons, aux bêtes féroces, aux oiseaux de proie de se dévorer entre eux, parce que la justice leur manque ; mais il a donné aux hommes la justice, qui est la meilleure des choses. Si quelqu'un, dans l'agora, veut parler avec équité, Zeus qui regarde au loin, le comble de richesses. Mais s'il ment, en se parjurant, il est châtié irrémédiablement ; sa postérité s'obscurcit et finit par s'éteindre, tandis que la postérité de l'homme juste s'illustre dans l'avenir, de plus en plus.

Je te donnerai d'excellents avis, très insensé Persès ! Il est facile de se jeter dans la méchanceté, car la voie qui y mène est courte et près de nous ; mais les Dieux immortels ont mouillé de sueurs celle qui mène à la vertu, car elle est longue, ardue, et, tout d'abord, pleine de difficultés ; mais dès qu'on est arrivé au sommet, elle est aisée, désormais, après avoir été difficile. Il est le plus sage celui qui, expérimentant tout par lui-même, médite sur les actions qui seront les meilleures une fois accomplies. Il est aussi très méritoire celui qui consent à être bien conseillé ; mais celui qui n'écoute ni lui-même ni les autres est un homme inutile.

Mais souviens-toi toujours de mon conseil, et travaille, ô Persès, race des Dieux, afin que la famine te déteste et que Déméter à la belle couronne, la Vénérable, t'aime et remplisse ta grange ; car la faim est la compagne inséparable des paresseux. Les Dieux et les hommes haïssent également celui qui vit sans rien faire, semblable aux frelons qui manquent d'aiguillons et qui, sans travailler eux-mêmes, dévorent le travail des abeilles. Mais qu'il te soit agréable de travailler utilement, afin que tes granges s'emplissent pendant la saison. Par le travail, les hommes deviennent opulents et riches en troupeaux, et c'est en travaillant que tu seras plus cher aux Dieux et aux hommes, car ils ont en haine les paresseux. Ce n'est point le travail qui avilit, mais bien l'oisiveté. Si tu travailles, bientôt le paresseux sera jaloux de voir que tu t'enrichis, car la vertu et la gloire accompagnent les richesses.

. . . .

C'est un grand fléau qu'un mauvais voisin, autant qu'un bon voisin est un bonheur. Rencontrer un bon voisin est une chance heureuse. Mesure strictement ce que tu reçois de ton voisin, et rends exactement, et même plus encore, si tu le peux, afin que, dans le besoin, tu trouves un prompt secours plus tard.

Jamais un de tes bœufs ne mourra, à moins que tu n'aies un mauvais voisin.

. . . .

Si tu ajoutes peu de chose à peu de chose, mais *fréquemment*, tu auras bientôt une grande richesse. Celui qui ajoute à ce qu'il possède évitera la noire famine. Ce qui est en sûreté dans la maison n'inquiète plus le maître. Il vaut mieux que tout soit dans la maison, puisque ce qui est dehors est exposé. Il est doux de jouir des biens présents et cruel d'avoir besoin de ceux qui sont ailleurs. Je te conseille de méditer ceci.

LIVRE II

Travaille, ô insensé Persès, à la tâche que les Dieux ont destinée aux hommes, de peur que, gémissant dans ton cœur, avec ta femme et tes enfants, tu ne cherches ta nourriture chez tes voisins, qui te repousseront. En effet, deux ou trois fois peut-être, tu réussiras ; mais, si tu les importunes encore, tu n'auras plus rien ; tu parleras beaucoup en vain, et la multitude de tes paroles sera inutile. Je te conseille donc de songer plutôt au payement de tes dettes et à éviter la famine.

Aie d'abord une maison, une femme, un bœuf laboureur. Aie dans ta demeure tous les instruments nécessaires, afin de n'en point demander à autrui et de n'en point manquer si on te refuse ; car, alors, le temps passerait et le travail ne serait point fait. Ne diffère pas jusqu'au lendemain, car le travail différé n'emplit pas la grange, ni jusqu'au surlendemain. L'activité accroîtra tes richesses, car l'homme qui diffère toujours lutte avec la ruine.

. . . .

Si tu laboures tardivement, cependant, il y a un remède à cela. Quand le coucou chante dans les feuillages du chêne et charme les mortels sur la terre spacieuse, alors que Zeus pleure trois jours durant et qu'il ne cesse pas avant que l'eau dépasse le sabot des bœufs : sème, ce labourage tardif vaudra autant que l'autre.

Garde ceci dans ton esprit et surveille le retour du blanc printemps et de la saison pluviale.

VIRGILE

Poète latin qui vivait au Ier siècle avant notre ère

EXTRAITS DES *GEORGIQUES*

LIVRE I

Quel art produit les riantes moissons, sous quel signe il faut retourner la terre et marier la vigne à l'ormeau, quels soins exigent les bœufs, comment on multiplie le bétail, quelle industrie est nécessaire pour l'éducation de l'abeille économe : voilà, Mécène, ce que je vais chanter.

Astres éclatants de lumière, qui guidez dans le ciel la marche des saisons, Bacchus, et toi, bienfaisante Cérès, si, grâce à vos dons, la terre remplaça par de riches épis les glands de Chaonie, et mêla le jus de la vigne à l'eau des fontaines ; et vous, divinités protectrices des campagnes, venez, Faunes ; venez aussi, jeunes Dryades : ce sont vos bienfaits que je chante. Et toi, dont le trident redoutable fit, du sein de la terre, bondir le coursier frémissant, Neptune ; et toi, habitant des forêts, toi dont les nombreux taureaux, plus blancs que la neige, paissent les fertiles bruyères de Cée ; toi-même, Pan, protecteur de nos brebis, quitte un moment les bois paternels et les ombrages du Lycée, et si ton Ménale t'est toujours cher, viens, dieu du Tégée, favoriser mes chants.

. . . .

Et toi, qui dois un jour prendre place dans le conseil des Dieux, choisis, César : veux-tu, protecteur de nos villes et de nos campagnes, régner sur l'univers ? L'univers est prêt à vénérer en toi l'auteur des fruits qu'il produit, le maître des saisons, et à ceindre ton front du myrte maternel. Dominateur souverain des mers, désires-tu recevoir seul les vœux des matelots ? Thulé, aux extrémités du monde, se courbe sous tes lois ; Téthys, au prix de toutes ses eaux, achète l'honneur de t'avoir pour gendre.

. . . .

Au retour du printemps, quand, du sommet des montagnes qu'elle blanchissait, la neige fondue commence à s'écouler, quand la glèbe s'amollit et cède au souffle du zéphyr, je veux déjà voir le taureau gémir sous le poids du joug, et le soc de la charrue briller dans le sillon. La terre ne comblera les vœux du laboureur avide que si elle a senti deux fois les chaleurs de l'été, deux fois les rigueurs de l'hiver : c'est alors que les greniers crouleront sous le poids de la récolte.

Mais, avant d'enfoncer le fer dans une terre inconnue, il faut étudier l'influence des vents qui y règnent, la nature du climat, les procédés de l'expérience, les traditions locales, enfin les productions que donne ou refuse chaque contrée. Ici jaunissent les moissons ; là mûrissent les vignes ; ailleurs, les arbres et les prairies se couvrent naturellement de fruits et de verdure.

Il faut, les blés enlevés, laisser ton champ se reposer et se raffermir pendant une année ; on n'y sème du froment que l'année suivante, et après en avoir tiré une récolte de pois secs, de vesce légère ou d'amers lupins à la tige fragile, à la bruyante cosse.

Souvent aussi, il est bon d'incendier un champ stérile, et de livrer le chaume léger à la flamme pétillante : soit que le feu communique à la terre une vertu secrète et des sucs plus abondants ; soit qu'il la purifie et en sèche l'humidité superflue ; soit qu'il ouvre les pores et les canaux souterrains qui portent la sève aux racines des plantes nouvelles ; soit qu'il durcisse le sol, en resserre les veines trop ouvertes, et en ferme l'entrée aux pluies excessives, aux rayons brûlants du soleil, au souffle glacé de Borée.

Ce laboureur qui, le râteau ou la herse à la main, brise les glèbes stériles, rend service à son champ : du haut de l'Olympe, la blonde Cérès le regarde favorablement, de même que celui qui, écrasant les mottes dont la charrue a hérissé le sol, croise par de nouveaux sillons les sillons déjà tracés, tourmente la terre sans relâche et lui commande en maître.

Cérès, la première, apprit aux hommes à ouvrir la terre avec le soc de la charrue, lorsque leur manquèrent les glands et les fruits de la forêt sacrée, et que Dodone leur refusa la nourriture accoutumée. Mais, bientôt, que de peines attachées à la culture ! la rouille funeste rongea les épis ; le chardon inutile hérissa les guérets.

Disons maintenant les instruments nécessaires au laboureur pour semer et faire lever son grain. Qu'il ait d'abord un soc et un corps de charrue du bois le plus dur, des chariots à la marche pesante, tels que les ordonna la déesse d'Eleusis ; des rouleaux ferrés, des traîneaux, des herses et de lourds râteaux ; puis, les ouvrages d'osier, meubles peu chers, inventés par Célée ; les claies d'arbousier, le van mystique consacré à Bacchus. Tels sont les instruments que tu auras soin de te procurer longtemps d'avance, si tu aspires à l'honneur d'avoir un champ bien cultivé.

. . . .

Je puis te rappeler une foule d'autres préceptes qui nous viennent de nos ancêtres, si tu ne dédaignes pas de t'arrêter avec moi à ces petits détails.

. . . .

J'ai vu bien des laboureurs tremper leur semence dans de l'eau de nitre et du marc d'olive, pour donner à l'enveloppe du grain une apparence souvent trompeuse.

. . . .

Mais si c'est pour le froment que tu prépares le sol, si une riche moisson d'épis est le seul objet de ton travail, attends, pour livrer la semence aux sillons, que les Pléiades se couchent au retour de l'aurore, et que la brillante couronne de la fille de Minos ait disparu du ciel ; jusque-là, ne te hâte point de confier à la terre, rebelle à tes vœux, l'espérance d'une année ; d'autres ont commencé à semer avant le coucher de Maïa ; mais de stériles épis ont trompé leur attente.

. . . .

Si tu observes le soleil dans sa marche rapide, la lune dans ses phases diverses, jamais le lendemain ne te trompera, et tu ne te laisseras point surprendre à l'éclat perfide d'une nuit sereine.

. . . .

Le soleil, et lorsqu'il se lève, et lorsqu'il se plonge dans les ondes, te peut aussi offrir des présages ; et les présages qu'il donne à son lever et à son coucher ne trompent jamais. Son disque naissant est-il semé de taches et à moitié enveloppé dans un sombre nuage ? Alors, redoute la pluie, car de la mer s'élève un vent du Midi, mortel aux arbres, aux moissons, aux troupeaux. Le soleil, à son lever, laisse-t-il, du sein des nuages qui l'obscurcissent, s'échapper çà et là quelques faibles rayons ? L'aurore sort-elle pâle de la couche dorée de Tithon ? Hélas ! que le pampre aura de peine à défendre son tendre fruit contre la grêle épaisse qui, sur nos toits, rebondit avec un horrible fracas !

LIVRE II

Jusqu'ici j'ai chanté la culture des guérets et le cours des astres ; c'est toi, Bacchus, que je vais maintenant célébrer, et, avec toi, les forêts, les vergers et l'olivier qui croît si lentement. Viens, dieu de la vigne ! ici, tout est plein de tes bienfaits : l'automne a couronné ces coteaux de pampres verdoyants, et la vendange écume à pleins bords dans la cuve. Viens donc ! dépose tes brodequins, et rougis avec moi tes jambes nues dans les flots d'un vin nouveau.

Et toi, à qui je dois ma gloire la plus brillante, ô Mécène ! viens me soutenir dans cette carrière que tu m'as ouverte, et déploie avec moi tes voiles sur cette mer immense. Je ne prétends pas, cependant, tout embrasser dans mes vers ; non, quand j'aurais cent langues, cent bouches, une voix de fer. Viens, côtoyons seulement le rivage, ne perdons pas de vue la terre ; je ne t'égarerai point dans de vaines fictions, dans d'inutiles détours et de longs préambules.

. . . .

Peut-être demanderas-tu quelle doit être la profondeur des fossés ? La vigne n'a besoin que d'un sillon légèrement creusé ; l'arbre veut être plus profondément enfoncé dans la terre, le chêne surtout, dont la tête s'élève dans les cieux et dont les racines touchent aux enfers.

Ensuite, quels que soient les arbustes que tu plantes, ne leur épargne pas l'engrais et n'oublie pas de les recouvrir d'une couche épaisse de terre, ou d'y enfouir des pierres spongieuses et des débris de coquillages.

L'arbre fruitier n'exige pas plus de soin : dès qu'il sent son tronc affermi et qu'il a acquis la force nécessaire, il s'élance de lui-même dans les airs, sans avoir besoin de notre aide.

Trop heureux l'habitant des campagnes, s'il connaissait son bonheur ! Loin des discordes, loin des combats, la terre, justement libérale, lui prodigue une nourriture facile. Il n'a point, il est vrai, une maison splendide dont les portes magnifiques vomissent des flots de clients venant saluer le réveil de leur patron. Il ne regarde pas avec l'ébahissement de l'envie les lambris dorés.

Le laboureur, avec le soc de la charrue, ouvre le sein de la terre, ce travail amène tous ceux de l'année ; c'est par là qu'il nourrit sa patrie, et ses petits enfants, et ses troupeaux de bœufs, et ses jeunes taureaux, qui l'ont bien mérité. Pour lui, point de repos qu'il n'ait vu l'année regorger de fruits, ses agneaux peupler sa bergerie, ses sillons se couvrir d'épis, ses greniers s'affaisser sous la récolte.

LIVRE III

Toi aussi, vénérable Palès, et toi, divin berger de l'Amphryse, et vous, forêts et fleuves du Lycée, vous serez l'objet de mes chants.

C'est moi qui, le premier, si la vie ne me manque, ferai descendre les Muses du sommet de l'Hélicon, pour les amener dans ma patrie ; le premier, ô Mantoue ! je te rapporterai les palmes d'Idumée, je t'élèverai un temple de marbre, au bord de l'eau, dans les vertes prairies où le Mincio promène lentement ses ondes tortueuses et abrite ses rives sous les flexibles roseaux. Au milieu du temple, je placerai César : il en sera le dieu. Moi-même, en son honneur, ceint du laurier de la victoire, et brillant de l'éclat de la pourpre tyrienne, je ferai, sur les bords du fleuve, voler cent quadriges rapides. Pour ces jeux, toute la Grèce quittera l'Alphée et les bois sacrés de Molorque : elle viendra disputer le prix de la course et du ceste sanglant. Et moi, le front paré d'un rameau d'olivier, je couronnerai les vainqueurs. Il me semble déjà conduire au temple la pompe triomphale ; déjà je vois les victimes immolées.

. . . .

Le choix des chevaux exige la même attention. Ceux que tu destines à perpétuer le troupeau doivent être, dès leur enfance, le principal objet de tes soins. Dès lors le poulain de bonne race se trahit à la fierté de son allure, à la souplesse de ses jarrets. Toujours à la tête du troupeau, le premier il brave un fleuve menaçant et tente le passage d'un pont inconnu ; il ne s'effraie pas d'un vain bruit. Son encolure est haute, sa tête effilée, son ventre court, sa croupe arrondie. Les muscles ressortent sur son poitrail vigoureux. On estime assez le gris et le bai brun, fort peu le blanc et l'alezan clair.

. . . .

Préfères-tu le laitage ? porte toi-même à tes brebis le cytise et le lotos en abondance : assaisonne de sel l'herbe que tu leur présentes dans la bergerie : le sel irrite leur soif, gonfle leurs mamelles, et donne à leur lait une saveur plus délicate.

. . . .

Le chien ne doit pas être le dernier objet de tes soins.

D'un pain pétri avec le petit-lait le plus gros, nourris et l'agile lévrier de Sparte et le dogue vigoureux d'Epire.

. . . .

N'oublie pas non plus de purifier tes étables en y brûlant du bois de cèdre, et d'en chasser les reptiles impurs par l'odeur du galbanum.

. . . .

Quand tu verras une brebis chercher souvent l'ombrage, effleurer nonchalamment la pointe de l'herbe, marcher la dernière du troupeau, se coucher au milieu de la prairie, revenir trop tard et seule à la bergerie, hâte-toi ; que le fer coupe le mal dans sa racine, avant qu'une funeste contagion se glisse au milieu de cette foule imprévoyante.

LIVRE IV

Je vais, poursuivant mon œuvre, chanter le miel, présent du ciel et de la rosée : daigne encore, ô Mécène, m'accorder un regard favorable. Je t'offrirai, dans de petits objets, un merveilleux spectacle : des chefs magnanimes, la naissance, les mœurs, les arts, les combats d'un peuple industrieux. Mince est le sujet, mais non la gloire, si les Dieux ne me sont pas contraires et si Apollon exauce mes vœux.

Il faut d'abord choisir pour les abeilles une demeure fixe et commode, où les vents ne pénètrent point ; quant aux ruches elles-mêmes, formées d'écorces creuses ou tissues d'un flexible osier, elles ne doivent avoir qu'une étroite ouverture, car le miel se gèle l'hiver et se fond aux chaleurs de l'été.

. . . .

Dès que les rayons du soleil ont relégué l'hiver sous la terre, et rendu au ciel la splendeur du printemps, les abeilles parcourent les champs et les bois, butinent sur les fleurs les plus belles et rasent légèrement la surface des eaux. Alors, transportées de joie, elles soignent tendrement leur famille, façonnent avec art la cire nouvelle, et composent leurs gâteaux de miel.

Bientôt, quand tu verras un jeune essaim, échappé de sa ruche, s'élever jusqu'aux cieux et flotter dans l'air limpide, tel qu'un épais nuage qu'emporte le vent, suis-le : il va chercher une onde pure et un toit de feuillage.

. . . .

Mais si les abeilles volent au combat, car souvent entre deux rois (1) s'élèvent de terribles discordes, l'on peut tout d'abord prévoir les sentiments du peuple et l'ardeur belliqueuse qui fait palpiter les cœurs.

Au milieu des rangs, les rois eux-mêmes, remarquables par l'éclat de leurs ailes, déploient dans un faible corps un grand courage.

Pour apaiser cette fureur guerrière et cette lutte furieuse, il suffit de jeter un peu de poussière.

Lorsque tu auras ainsi séparé les deux chefs, livre au trépas celui qui aura montré le moins de valeur.

(1) Jusqu'au milieu du XVII siècle de notre ère, les naturalistes croyaient que la mouche à miel au coloris plus riche et plus brillant que le corps des autres mouches à miel, était un mâle que l'on nommait roi. Swammerdam, célèbre anatomiste hollandais, auquel on doit un grand nombre d'ouvrages estimés, découvrit, en la disséquant, que cette mouche qualifiée « roi », n'était autre qu'une mouche du sexe féminin, que les auteurs modernes appellent la « reine », qui est, de tout l'essaim, la seule mouche fécondée et qui, à ce titre de reine-mère, a le droit exclusif de surveiller la construction des cellules ou alvéoles destinées à recevoir les œufs de la reine.

Swammerdam est né à Amsterdam en 1637, et il est mort en 1680.

Dans l'antiquité, Aristote avait écrit sur les abeilles ; parmi les auteurs modernes, on peut citer l'abbé Boissy, Georges de Loyens et Hubert, etc., etc.

Ainsi je chantais les soins que demandent le labourage, les troupeaux et les arbres, tandis que, sur les rives de l'Euphrate, le grand César lance la foudre des combats, et que, partout victorieux, il fait accepter ses lois aux peuples heureux de s'y soumettre, et se fraie un chemin dans l'Olympe.

Alors, la douce Parthénope me nourrissait dans les délices de l'étude et d'un obscur loisir; moi, ce même Virgile, qui ai chanté les combats des bergers, et qui osai, avec la confiance de la jeunesse, te chanter, ô Tityre, sous l'ombrage d'un hêtre touffu.

HORACE
Poëte latin, contemporain de Virgile (né 65 ans av. notre ère)

ÉLOGE DE LA VIE CHAMPÊTRE

ÉPODE II

Heureux celui qui, loin des affaires, à l'exemple des premiers humains, laboure les chants paternels avec des bœufs
qui sont à lui, et vit exempt des soins du négoce ! Soldat,
il n'est point éveillé par le clairon des batailles ; il ne redoute point le courroux des vagues, il fuit les tribunaux et
les fastueux portiques des citoyens puissants.

Tantôt, aux tendres rejetons de la vigne, il marie les
hauts peupliers ; tantôt, avec la serpe, il émonde les rameaux
inutiles pour en greffer de plus féconds ; ou bien, il voit

errer au fond d'une sombre vallée ses troupeaux mugissants : sa main presse le miel dans des vases bien nets, ou dépouille de leur toison ses tendres brebis.

Quand l'automne lève dans nos vergers sa tête ornée de fruits délicieux, quel plaisir pour lui de cueillir la poire sur l'arbre qu'il a greffé, ou la grappe dont le coloris le dispute à la pourpre ! Ce sont les hommages qu'il vous offre, ô Priape, et vous, Sylvain, dieu protecteur des héritages !

Lui plaît-il de reposer sous l'ombre d'un vieux chêne ou bien sur un gazon touffu ? Le ruisseau qui coule paisible le long de ses rives élevées, les oiseaux qui gazouillent dans les bois d'alentour, les sources dont l'onde pure s'échappe en murmurant, tout l'invite au doux sommeil. Mais quand, ramené par le dieu du tonnerre, le sombre hiver épand et les pluies et la neige, alors, environné de sa meute nombreuse, il pousse captif dans les toiles le sanglier furieux. D'autres fois, il suspend par de légers supports ses rêts à larges mailles, piège trompeur pour les grives avides ; il se plaît encore à prendre au lacet le lièvre timide et la grue passagère, qui seront le doux prix de son adresse.

Qui, parmi de tels passe-temps, n'oublierait les soucis importuns que cause l'amour ? Qu'une chaste compagne, active ménagère, prenne soin de sa maison et de ses enfants : telle qu'une femme sabine, ou que ces beautés que brunit le soleil d'Apulie, qu'elle remplisse le foyer sacré d'un bois qui pétille à l'heure où son mari va rentrer fatigué ; que, renfermant dans l'enceinte des claies son troupeau joyeux, elle épuise les mamelles tendues, et que, tirant de la tonne bienfaisante le vin de l'année, elle dresse pour lui des vins non achetés.

Non, les huîtres du Lucrin, ni le turbot, ni les sargets que la tempête rejette des mers d'Orient jusque dans nos parages, ni l'oiseau d'Afrique qui remplit l'estomac du gourmand, ni le faisan d'Ionie, ne seront pour moi des mets plus savoureux que l'olive cueillie sur les plus beaux rameaux de mes oliviers, que l'oseille amante des prairies, ou que la mauve solitaire, que cet agneau qu'on vient d'immoler au dieu Terme, ou que le chevreau sauvé de la dent du loup. Assis à cette table, oh ! qu'il est doux de voir ses brebis bien repues précipiter leurs pas vers le logis, et ses bœufs bien las traîner languissamment le soc renversé, et l'essaim des esclaves, richesse de la maison natale, se presser autour de la flamme brillante du foyer !

Ayant ainsi parlé, l'usurier Alphius, déjà tout disposé à se faire homme des champs, fait rentrer, le jour même des Ides, tous les fonds qu'aux Calendes il placera de nouveau.

A MON MÉTAYER (1)

Intendant de mes bois et du petit domaine dont la solitude me rend à moi-même, et que tu dédaignes, parce que le village n'a que cinq feux, et qu'il envoie seulement à Varia cinq bons pères de famille ; essayons, à l'envi l'un de l'autre, d'arracher les ronces nuisibles, moi de mon cœur, toi de mon champ, et voyons lequel vaudra le mieux d'Horace ou de sa terre. Quoique je sois retenu à Rome par la pieuse douleur de Lamia, qui regrette son frère mort et ne peut se consoler, cependant ma pensée, mes désirs me transportent dans ma douce retraite, et je brûle de rompre les barrières qui m'empêchent d'aller la revoir.

Je dis que le bonheur est aux champs ; tu crois qu'on le trouve à la ville. Dès qu'on préfère la condition d'un autre, on prend la sienne en aversion. Le campagnard, le citadin sont injustes tous deux en accusant le lieu qu'ils habitent, et qui est innocent de leurs chagrins ; la faute est à leur propre cœur, qui ne peut se fuir lui-même.

Quand tu vivais à la ville, tu faisais des vœux secrets pour aller habiter la campagne ; maintenant, devenu campagnard, tu désires la ville, et les bains, et les jeux.

(1) Sous l'épître xiv du livre i, on lit la lettre d'Horace à son métayer, ayant pour but de l'empêcher de quitter le domaine qu'il cultive pour aller habiter la ville.

Pour moi, tu sais que je suis fidèle à moi-même, et tu me vois quitter les champs avec tristesse, toutes les fois que de maudites affaires me traînent à Rome. Nous ne sommes pas habitués, toi et moi, à voir de même ; aussi n'avons-nous pas les mêmes goûts : car les lieux que tu regardes comme d'affreux et d'inhabitables déserts, ceux qui pensent comme moi les trouvent charmants, et ils ne peuvent souffrir les endroits dont tu admires la beauté. Ce sont les lieux de débauche, ce sont les cabarets, je le vois bien, qui te font regretter la ville ; et, de plus, c'est qu'on ferait produire à ce petit coin de terre que tu cultives du poivre et de l'encens, avant d'y faire venir du raisin ; c'est encore qu'il n'y a point dans le voisinage de taverne où tu puisses aller boire !...

. . . .

Au lieu de ce plaisir, il te faut remuer des champs qui, depuis longtemps, n'ont pas été entamés par le soc ; soigner le bœuf détaché de la charrue et lui préparer une ample nourriture. Il te vient encore un surcroît d'ouvrage dont ta paresse se plaint, lorsqu'il tombe une pluie qui forme un torrent, et que tu es obligé de faire une digue pour l'empêcher d'inonder la prairie.

Apprends maintenant pourquoi nous ne sommes pas du même avis ; moi, qui m'habillais autrefois d'étoffes fines et légères, qui me plaisais à soigner, à parfumer mes cheveux, moi que tu as connu buvant le Falerne dès le milieu du jour et jouissant des bonnes grâces de l'avide Cynare, sans lui faire le moindre présent, je préfère aujourd'hui un repas court et léger, ou le sommeil sur l'herbe, au bord d'un ruisseau. Je ne rougis pas des plaisirs et des jeux de mon jeune âge ; mais je rougirais de ne pas savoir y renoncer. Ici, personne ne me jette un regard oblique et ne veut porter atteinte à mon bonheur ; aucune haine obscure, aucune morsure secrète ne l'empoisonne. Seulement, je fais rire mes voisins de ma maladresse, lorsqu'ils me voient essayer de remuer la terre ou de fendre des pierres.

Tu préfèrerais d'être à la ville, parmi les esclaves, à ronger avec eux le pain qu'on leur distribue chaque jour : tu te jettes dans leur nombre de toute l'ardeur de tes vœux ; et mon rusé laquais voudrait être à ta place, occupé de soigner les bois, les troupeaux, le jardin.

Le bœuf paresseux désire de porter la selle ; le cheval, de tirer la charrue.

Mon avis, c'est que chacun fasse de bonne grâce le métier qu'il sait faire.

CONTRE LE LUXE DU TEMPS

(Ode XII, Livre II)

Déjà les édifices somptueux ne laissent plus qu'un faible espace au soc de l'agriculteur. De tous côtés s'étendent des bassins plus spacieux que le lac Lucrin ; le platane, orgueilleux de son célibat, remplace l'utile ormeau ; les berceaux de myrte, la violette et mille touffes de fleurs embaument de leurs doux parfums les lieux où naguère le fertile olivier enrichissait un autre maître.

Les épais rameaux du laurier déroberont bientôt à la terre les ardents rayons qui la fécondent. Il n'en était pas ainsi sous l'empire des lois prescrites par Romulus, et révérées par nos sages et par l'austère Caton.

Alors, les fortunes privées étaient modiques, la fortune publique était immense. Le citoyen n'élevait pas de vastes portiques où le souffle du Nord éternise la fraîcheur. Les lois ne souffraient point qu'un Romain dédaignât un gazon naturel ; elles faisaient orner les villes aux frais du public, et consacraient aux temples divins le marbre fastueux.

Dans l'ode XV du même livre, le poète déclare encore que le bonheur se trouve dans la médiocrité :

« Ni l'ivoire, ni les plafonds dorés ne brillent dans ma demeure, dit-il ; on n'y voit pas de poutres du mont Hymète appuyées sur des colonnes taillées au fond de l'Afrique.....

Je n'ai point de clientes de distinction qui filent la pourpre de mes habits.....

Ma petite terre de Sabine me suffit et je borne là mes désirs. »

Dans l'ode Ire du livre III, Horace affirme de nouveau que le bonheur ne dépend que de la vertu seule :

« Celui qui ne désire que ce qui suffit, voit sans inquiétude la mer troublée par les orages ; il n'est point alarmé des secousses cruelles de l'Arcture qui se couche ou du chevreau qui se lève. Il ne craint point que la grêle ravage ses vignes, ni que ses terres manquent de répondre à son espérance, parce que les pluies auront été trop abondantes, ou les chaleurs de l'été trop vives, ou les hivers trop rigoureux.

Les poissons sentent leurs demeures resserrées par les jetées qu'on fait dans la mer. Tous les jours, un maitre trop riche, dégoûté de la terre ferme, paraît sur les rivages avec des entrepreneurs, des matériaux et des manœuvres. Mais la crainte et les dangers suivent partout ce mortel dédaigneux. Le noir chagrin s'embarque avec lui, dans sa trirème superbe, il s'assied en croupe derrière le cavalier.

S'il est vrai que le marbre le plus précieux, la pourpre la plus éclatante ne peuvent charmer les soucis, si les vins de Falerne, les parfums de Perse ne peuvent rien contre eux, pourquoi voudrais-je me bâtir de superbes salons qui m'attireraient l'ennui ? Pourquoi changerais-je ma petite terre de Sabine, pour des richesses qui ne me causeraient que de nouvelles peines ? »

CONTRE LA MOLLESSE
(Satire iii, Livre ii)

A STERTINIUS

Viens maintenant draper avec moi la mollesse et Novem-tanus ; car la raison te convaincra que les dissipateurs sont des fous. L'un, à peine maître d'un patrimoine de mille talents, mande le pêcheur, le fruitier, le chasseur, le parfumeur, le rôtisseur avec les bouffons, le corps des bouchers avec le vélabre : ordre d'arriver de grand matin ; eh bien ! aucun n'y manque. Leur maître prend la parole :

« Tout ce que je possède, ainsi que ces braves gens, regarde-le comme à toi ; tu peux en disposer aujourd'hui, demain, quand tu voudras. »

Ecoute la réponse de notre équitable jeune homme :

« Tu dors tout botté sur la neige de Lucanie, pour que je mange du sanglier ; toi, tu vas, malgré la tempête, me chercher des poissons en pleine mer ; moi, paresseux, je suis indigne de jouir, au sein de la mollesse, d'une si grande fortune.

Empoche donc, toi, un million de sesterces, toi autant, toi le triple, etc.....

A LOLLIUS
(Epitre xviii, Livre i)

Ou je vous connais mal, mon cher Lollius, ou jamais votre franchise ne consentira à descendre au vil rôle de flatteur, après avoir dignement rempli celui d'ami.

. . . .

Je suis riche, dit-il, à moi permis de faire des folies ; mais toi, mon ami, ta fortune est bornée ; ta mise doit sagement l'indiquer.

Crois-moi, ne tente pas une lutte inégale. Le malin Eutrapèle voulait-il jouer un tour à quelqu'un ? Il lui envoyait de riches habits, et voici comment il raisonnait à cet égard :

« Avec ces beaux habits, mon homme va se croire le favori de la fortune, former de grands projets, concevoir de belles espérances ; il dormira la grasse matinée, négligera ses devoirs pour le plaisir, se ruinera par les emprunts et nous finirons par le voir gladiateur, ou réduit, pour subsister, à conduire au marché l'âne d'un jardinier. »

TABLE DES MATIÈRES

PARIS

Jmprimerie Lucien Duc

35, RUE ROUSSELET, 35